RÉFLEXIONS

SUR

LES CRITIQUES

DE L'OUVRAGE

DE M. LOUCHARD.

ANALYSE SUCCINCTE DE CET OUVRAGE,

PAR

UN ANCIEN ÉLÈVE

DE L'ÉCOLE DE CAVALERIE DE SAUMUR.

RÉFLEXIONS

SUR

LES CRITIQUES

DE L'OUVRAGE

DE M. LOUCHARD,

CHEVALIER DE LA LÉGION-D'HONNEUR,
VÉTÉRINAIRE PRINCIPAL, EX-RÉPÉTIT. D'ANATOM. A L'ÉCOLE ROYALE D'ALFORT,
MEMBRE CORRESPONDANT DE LA SOCIÉTÉ CENTRALE DE MÉDECINE
VÉTÉRINAIRE DE PARIS
ET MEMBRE DE LA COMMISSION HIPPIQUE DU DÉPARTEMENT DU GERS.

ANALYSE SUCCINCTE DE CET OUVRAGE,

PAR

UN ANCIEN ÉLÈVE

DE L'ÉCOLE DE CAVALERIE DE SAUMUR.

La tâche que j'entreprends serait difficile pour mes faibles connaissances, si mon intention était de juger la partie scientifique spéciale du dernier Livre de M. Louchard. Je laisse cette mission aux vétérinaires militaires qui voudront bien se la réserver, ce qu'ils n'ont pas encore fait jusqu'à ce jour. Mes intentions sont louables et sont déterminées par les critiques inqualifiables qui sont placées sous mes yeux. L'auteur,

1843

comme les officiers de cavalerie, y sont traités avec si peu de ménagements, que je me crois autorisé à prendre la plume pour blâmer la conduite des deux écrivains, chefs de service aux Ecoles Vétérinaires d'Alfort et de Toulouse, MM. Reynal et Gourdon.

Quelques considérations me conduiront directement au but que je me propose, celui de défendre un vétérinaire que j'estime et stigmatiser les ridicules sorties qu'on a faites sur les officiers instruits à l'Ecole de Saumur.

Selon moi, les Ecoles Vétérinaires devaient renfermer un corps d'hommes savants, graves et sérieux, constituant une espèce d'aréopage, *magistrats scientifiques* et *impartiaux*, appelés à juger sans passion (comme tous les hommes d'un grand mérite) les travaux intellectuels de leurs confrères. De ce tribunal, appelé à juger en dernier ressort, devait jaillir la lumière : mon opinion est vraie quant au fond. Mais aujourd'hui, quelle est ma surprise! M. Louchard vient de publier un Livre sur l'hygiène des chevaux de l'armée, les remontes, etc., etc. Deux jeunes gens, nouvellement attachés aux Ecoles d'Alfort et de Toulouse, en font ce qu'ils appellent une *analyse :* quelle analyse! Pas un mot sur les chapitres contenus dans cet ouvrage; on ne voit dans les journaux de ces deux écoles que des personnalités blessantes pour le caractère de l'auteur; et, à côté de cela, rien pour éclairer le jugement des personnes qui désirent s'instruire. Ce ne sont pas de ces articles sévères qui impriment à l'analyse un cachet de vérité écrasante pour l'auteur qui tombe dans des erreurs nuisibles; non, ce sont de ces critiques passionnées qui détruisent l'illusion qu'on s'était faite du caractère des hommes scientifiques.

Messieurs Reynal et Gourdon sont encore sans antécédents

remarquables dans le monde vétérinaire, et ils débutent dans la carrière de l'enseignement. *Ils savent;* et, encore saturés du travail qui a précédé leur récent concours, leur esprit se débarrasse des mots dont l'assemblage constitue une dialectique du plus mauvais goût. Que ces Messieurs réfléchissent bien, Buffon a dit : le style, c'est l'homme. Ils se drapent dans la toge de leurs maîtres, et, de la porte du sanctuaire, ils frappent sans discernement comme sans réflexion : triste manière d'essayer leurs ailes. Ces jeunes néophytes obéissent trop souvent à de petites haines ou à des questions d'amour-propre. Qu'on n'aille pas croire avec certaines personnes qu'il y a derrière le rideau quelqu'un qui les fait agir; non, cela n'entre pas dans le caractère des hommes honorables qu'ils secondent dans leurs travaux. Je crois, en vérité, que ces Messieurs s'arrogent le monopole de l'intelligence ! c'est une prétention que leurs maîtres n'ont pas. Ce n'est pas dans ces utiles établissements royaux que devrait se distiller le poison de la calomnie, et, si une censure devait exister, c'est là que je la comprendrais. Ministre chargé de ces Ecoles, je prierais MM. les Directeurs de contrôler les écrits qui en émanent, et de ne laisser imprimer que des questions purement scientifiques. Plus de ces personnalités qui font de ces journaux spéciaux des espèces de *charivaris vétérinaires.* Ministre de la guerre, je me joindrais à mon collègue afin de placer les rédacteurs dans l'impossibilité de mettre si souvent en scène les officiers de l'armée qui ne s'occupent pas plus des Ecoles Vétérinaires, que des personnes qu'elles renferment, mais qui finiront par se fatiguer du rôle absurde qu'on leur fait *trop souvent* jouer dans ces différents établissements.

Quel a donc pu être le but de ces Messieurs, en s'associant, pour ainsi dire, dans les deux Ecoles, pour lancer, non des analyses, mais bien des libelles contre M. Louchard et les officiers de l'armée, que, selon eux, ce vétérinaire veut initier dans les mystères *du métier?* Eh! mon Dieu, je crois leur faire grâce en supposant qu'ils n'en ont eu qu'un, celui de faire du *pathos.*

Je connais les vétérinaires depuis longtemps; malheureusement, il n'y a dans cet honorable corps que peu d'esprit de confraternité : et je crois bien sincèrement qu'ils sont les plus grands ennemis d'eux-mêmes.

A peine sortis des rangs de l'armée, deux jeunes gens sont admis, par la chance d'un concours, chacun dans une Ecole Vétérinaire : c'est à la fois juste et heureux. Mais, sans aucune espèce de considération pour les rangs qu'ils quittent, les voilà qui jettent *leurs bonnets par dessus les moulins.* Auraient-ils eu de mauvais rapports avec les officiers de leurs régiments? Si c'est probable, j'en suis fâché pour eux, car tous les vétérinaires qui le veulent n'ont avec nous que des relations agréables : je m'en rapporte à M. Louchard que je connais depuis longtemps.

Mais, en admettant que ces Messieurs aient de puissants motifs pour ne pas nous aimer, en ont-ils de semblables à alléguer à l'égard d'un confrère honorable qu'ils traitent sans aucun ménagement? Je dis sans aucun ménagement, parce que, dans leurs critiques, ils ont poussé le style au-delà des mesures de toute bienséance. Mais remarquez bien ceci :

---

(1) Rendons justice à M. le rédacteur du Recueil; il a mis le plus grand empressement à faire droit à la réclamation de M. Louchard en insérant sa lettre dans son journal; mais cette lettre, malgré sa convenance, a été le sujet d'une critique, presque injurieuse, qui a dû amener des explications avec l'auteur, M. Gourdon, à Toulouse. Nous n'en connaissons pas encore les résultats.

quand M. Louchard se plaint, dans une lettre adressée à M. le rédacteur en chef du *Journal d'Alfort* (1), de voir la véracité de son caractère méconnu, on répond, à Toulouse : *il n'y a que la vérité qui offense.* D'après l'*heureuse application* de ce *dicton populaire*, il en résulterait que, toutes les fois que l'honneur de l'homme sera mis en jeu, il devra se taire pour qu'on ne croie pas à sa culpabilité. Voilà de la *logique* qui tend à renverser tous les tribunaux correctionnels et toutes les considérations de point d'honneur.

On dit les jeunes gens bons, généreux. La conduite de ces Messieurs, dans le cas qui nous occupe, est excessivement blâmable, et, malgré la bonne opinion que nous avons de leurs qualités, nous sommes tentés de les classer dans une catégorie exceptionnelle. Ce sont de jeunes téméraires entre les mains desquels une plume est aussi dangereuse qu'une arme à feu dans celles d'un enfant.

Voici le conseil que je vous donne, Messieurs : continuez, vous avez les pieds chauds; vous êtes plongés dans une heureuse atmosphère; continuez, jeunes et habiles censeurs, vos extravagantes ménippées; faites bien tous vos efforts pour ternir la réputation de vos confrères militaires; ils seraient bien ingrats s'ils ne vous en savaient pas gré. Satisfaites la *voracité* de votre amour-propre; continuez par votre sublime langage à prolonger leur état précaire : c'est une noble tâche! Faites croire qu'ils ne sont pas dignes des bonnes dispositions qu'on a pour eux. Votre avenir est assuré : quant à eux, 400 fr. de retraite leur suffisent... pour... vivre ! Continuez, surtout ces articles qui peuvent indisposer contre le corps entier des Vétérinaires militaires, et vous aurez acquis de trop justes droits à leur reconnaissance!

Maintenant, j'ai beau vous lire, je ne vois que vos critiques, Messieurs, et je ne trouve pas d'analyse. Le Livre de M. Louchard est mauvais : mais pourquoi est-il mauvais? Il est dangereux, nuisible, etc. Mais pourquoi est-il dangereux, pourquoi est-il nuisible? Ah! mais j'oubliais que c'était à cause de nous, *savants* de l'Ecole de Saumur! Aussi, je vous abandonne la question scientifique dont vous ne parlez pas, pour traiter seulement les questions qui nous concernent.

Vous dites que M. Louchard a fait son Livre principalement pour les officiers de cavalerie. J'ai sous les yeux un prospectus de M. Louchard (prospectus que vous n'avez pas plus lu que l'ouvrage), dans lequel je vois qu'il invoque l'indulgence de ses confrères dans l'intérêt desquels il croit avoir travaillé; aussi leur dédie-t-il son œuvre. (Il n'avait pas dû vous comprendre dans la classe des indulgents). Plus loin, il dit encore: « Quant à MM. les officiers qui aiment le cheval et » tiennent à le conserver, ils trouveront dans mon Livre des » préceptes dont ils pourront faire une utile application. » Ce n'est donc pas pour nous exclusivement qu'il a écrit: malgré cela, nous sommes forcés d'en convenir, il y a dans cet ouvrage beaucoup de choses qui sont à la portée de notre *intelligence* et dont nous saurons profiter, ne vous en déplaise : et si les préceptes qui nous concernent et dont nous pouvons tirer un parti avantageux pour l'État ne sont pas de la science, ils ont au moins le mérite d'être mis à jour d'une manière convenable et capable d'appeler notre attention sur des questions très-importantes. Le Livre de M. Louchard convient surtout aux capitaines instructeurs et aux adjudants-majors, auxquels tant de chevaux sont confiés : ce devrait être leur *vadè mecum.* (1)

---

(1) Un vol. in-8°, belle édition compacte, 555 p., chez Mme Huzard, rue de l'Eperon-St-André-des-Arts, 7, à Paris.

Non-seulement vous attaquez l'auteur sur le fond de son Livre que vous ne commentez pas, mais encore sur sa bonne foi d'écrivain, sur sa modestie, etc.

M. Louchard commence par dire : *un ouvrage de longue haleine serait au-dessus de mes forces ; je n'ai pas la prétention de faire un ouvrage de didactique ; c'est un praticien qui raconte, etc., etc.* On le voit effectivement, c'est un praticien qui raconte, et, ne vous en déplaise encore, il raconte bien. Vous parlez de modestie : M. Louchard confesse franchement les erreurs qu'il a commises dans le courant de sa longue pratique ; vous l'accusez d'avoir pillé, bien qu'il se *dise l'ennemi de ceux qui s'emparent des dépouilles des autres ;* vous dites aussi qu'il a replâtré son ancien savoir avec vos idées ou vos connaissances nouvelles. Tout cela est peu généreux et complétement faux. M. Louchard, que je connais bien particulièrement, est vrai *et lui* dans tout son Livre ; il est assez modeste pour ne pas se croire supérieur à vous, comme vous l'êtes assez peu pour le traiter *en étudiant de la première année.*

. Savez-vous bien, Messieurs, qu'on ne se douterait guère qu'il n'y a pas longtemps encore que vous avez quitté l'armée ; ou vous n'avez jamais eu d'esprit de corps, ou vous avez vite oublié vos anciens camarades. Votre nouvelle position est honorable ; vous la devez à vos travaux, aux chances d'un concours : mais, pour cela, il ne faut pas admettre qu'il ne reste plus personne après vous, dans l'armée, qui soit digne de vous égaler. C'est dans l'armée généralement que les professeurs se recrutent, et cela depuis la formation des Ecoles. Pourquoi ne voudriez-vous pas qu'il se rencontrât encore, des vétérinaires aussi distingués que vous, et même je connais quelques-uns de ces habiles praticiens qui font grand cas de

M. Louchard. Il existe, il est vrai, des vétérinaires que vous critiquez et qui ne vont pas concourir. Mais, tout le monde ne peut pas concourir : *sachants* et *savants* peuvent échouer dans un concours, et bien des hommes de génie et d'une grande érudition pourraient être battus par des hommes ordinaires qui possèdent *le mécanisme* de ces *tournois scientifiques*, où la témérité l'emporte quelquefois sur le véritable mérite, et cela malgré la sagacité des juges qui ne peuvent toujours sonder la *profondeur* du mérite des compétiteurs. La Chambre des Pairs l'a compris pour les chaires de médecine : cela est applicable pour les Ecoles Vétérinaires.

Cette digression n'a pas pour but de suspecter votre savoir, Messieurs, seulement c'est afin de vous faire sentir que le talent réel doit toujours être indulgent et modeste.

Maintenant revenons au Livre de M. Louchard. Franchement, vous n'avez compris ni l'ouvrage ni les intentions de l'auteur. Et puis, le dirais-je: Vous avez pris son Livre, vous l'avez parcouru, et vous avez dit: c'est pitoyable ! De là, vos articles. Il est tellement vrai que la critique est aisée. . . . . . Mais ce qui ne paraît pas facile pour vous, Messieurs, c'est d'écrire avec autant de convenance que de modestie et d'impartialité. Voilà pourquoi votre style est blessant pour l'homme ; voilà pourquoi aussi vous vous élevez au-dessus de l'auteur et semblez vouloir l'écraser du poids de votre omnipotence ; et pourquoi encore vous êtes injustes sur tous les points envers lui. Vous n'avez eu aucun égard pour l'homme ni pour son caractère, et vous vous êtes conduits de manière à rompre en visière avec lui : c'est une grande faute, car on ne brise jamais impunément les liens de famille. Nous pardonnons difficilement à nos adversaires les doutes qu'ils élèvent sur notre bonne foi. Que restera-t-il de vos écrits, Messieurs? rien, qu'une impression fâcheuse pour vos deux caractères. Comme vous, écrivains sévères, je ne reprocherai pas à M. L........ ses néologismes; ils tiennent autant à la pauvreté de la langue médicale, qu'à son antipathie pour la répétition des mots. J'aime ses métaphores: elles sont toujours originales, quelquefois heureusement appliquées; l'ouvrage de M. Louchard plaît au lecteur par un genre de style qui remédie à l'aridité ordinaire des ouvrages spéciaux.

D'après vous, Messieurs, l'ouvrage de M. Louchard est dangereux parce qu'il est susceptible de propager des connaissances vétérinaires parmi nous. Nous verrons tout à l'heure que vos prévisions sont bien puériles, et que l'auteur, dans son Livre, a au contraire fait tout ce qu'il a pu pour éclairer les officiers sur le danger de pareilles prétentions. Tout ce que nous avons vu, c'est que M. Louchard aime autant son art que ses confrères, et qu'il a voulu profiter de cette liberté que lui donne son espèce d'indépendance actuelle pour le prouver. Il a fait imprimer un livre qui renferme des préceptes que vous connaissez tous, c'est probable, mais que beaucoup de vétérinaires n'osent pas proclamer, et cela à cause d'une foule de considérations de position et d'avenir. Selon nous, M. L..... a rempli une noble tâche en cherchant à éclairer les chefs de corps, les officiers sous leurs ordres, et surtout ceux qui ont une large part de responsabilité. Les officiers-généraux peuvent également consulter son ouvrage, et ils y trouveront des renseignements dignes d'appeler leur attention. Le but d'utilité de ce Livre a été compris par un Prince éclairé; aussi a-t-il dignement récompensé son auteur, en lui adressant une lettre flatteuse accompagnée d'un riche cadeau. A titre d'encouragement et comme témoignage de sa satisfaction, le ministre de la guerre, juste appréciateur des travaux utiles, a envoyé une gratification à M. Louchard, qui a mérité encore de l'illustre maréchal-général une faveur qu'il n'accorde pas facilement, celle de deux lettres excessivement flatteuses, dans lesquelles il lui témoigne les désirs qu'il éprouve de voir ses conseils suivis dans les corps de troupes à cheval, et dans lesquelles il daigne aussi qualifier l'œuvre de l'auteur d'excellent ouvrage.

Maintenant, ajoutons à cela les lettres de plusieurs officiers-généraux, chefs de corps, capitaines-instructeurs, etc.; celles des hommes spéciaux, car plusieurs vétérinaires de l'armée, qui ont compris l'œuvre et les intentions qui l'ont dictée, ont félicité M. Louchard sur l'utilité de son Livre.

Parmi les vétérinaires qui ont écrit à notre auteur, trois ont obtenu des médailles d'or pour leurs travaux scientifiques : vous ne contesterez pas leur compétence j'espère. Eh bien ! Messieurs les critiques, qu'en pensez-vous ? M. L.... a-t-il mérité la *véhémence* de vos sorties ? et, franchement, si vous étiez les véritables amis de votre art, ne seriez-vous pas heureux de voir un de vos confrères recevoir de pareils éloges ? Le Livre d'où est née cette controverse a déjà converti des hommes qui ne partageaient guère les opinions nouvelles qui garantissent la conservation des chevaux : on leur a mis le doigt sur la plaie, ils sont trop judicieux pour ne pas se rendre à l'évidence.

Que pourrait donc ambitionner de plus M. Louchard ? N'est-il pas assez heureux des succès qu'il a obtenus ? Ses archives ne sont-elles pas enrichies de pièces qui honorent sa personne ainsi que l'utile profession qu'il exerce ? Ainsi, nous aurions pu garder le silence sur vos écrits, si vos intentions réfractaires ne nous avaient pas parues autant extraordinaires qu'inexplicables, et bien que, par le temps qui court, les diatribes ne soient pas rares, nous ne pensions pas qu'elles pussent prendre racine dans les établissements où il existe tant d'aliments pour les esprits sérieux. Ne sait-on pas aussi, qu'à toutes les époques, les hommes ayant quelque mérite, lorsqu'ils se sont trouvés dans certaines conditions, ont presque toujours été persécutés par les envieux ?

Nous ne venons donc pas réclamer vos suffrages, nous voulons seulement combattre de petites passions et faire connaître à nos lecteurs qu'il ne faut pas toujours s'en rapporter au jugement des critiques, à moins que leur sagesse et leur impartialité soient bien reconnues. Bien entendu que nous ne cherchons à justifier M. Louchard qu'aux yeux des personnes qui n'ont pas lu son Livre, dans la crainte mal fondée peut-être qu'elles ne vous croient sur parole. Quant aux hommes qui connaissent l'ouvrage, leur jugement est complètement favorable à l'auteur.

Ne pourrait-on pas appliquer à M. Louchard la fable du lion devenu vieux?

Arrivons aux chefs d'accusation qui vous font incriminer le Livre qui nous occupe, par votre tribunal sinon juste, du moins *fort sévère*, et il ne nous sera pas difficile de vous réfuter victorieusement :

1º L'auteur aurait démenti la déclaration qu'il fait dans son Avant-propos, *de n'écrire qu'avec ses propres matériaux.* Nous connaissons un de ses confrères, M. Rousseau, vétérinaire en 1er du depôt d'Auch, qui, possédant tous les ouvrages écrits sur le même sujet, disait à M. Louchard : Vous devriez consulter tous ces livres. M. Louchard l'a remercié

en lui observant « qu'il voulait se borner à écrire sous
» l'influence de ses propres observations, comme de toutes
» les impressions qu'il avait éprouvées pendant sa longue
» carrière militaire. Si je lisais tous ces ouvrages, ajoute-
» t-il encore, mon Livre n'aurait plus le même cachet, et
» peut-être aussi serais-je dégoûté d'écrire par la crainte
» de demeurer au-dessous de mes confrères, qui ont traité
» tant de fois ce même sujet: Je ne serais plus *moi-même*,
» c'est ce que je veux éviter. Et si je ne les ai pas lus jus-
» qu'à ce jour, c'est qu'il y a plusieurs années que je me
» propose ce travail dans la composition duquel je n'ai pas
» voulu être influencé. » Voilà pourquoi, Messieurs, l'auteur
n'a pas plus parlé de vous, dans son Livre, qu'il n'a cité ses
autres confrères.

2° M. Louchard a écrit un Livre *sinon nuisible du moins
complètement inutile :* telle est l'opinion de M. Raynal. Nuisible, voici pourquoi : Ce Livre aurait le *grave* inconvénient
d'immiscer les officiers de cavalerie dans un art qui devient
une arme puissante entre leurs mains, en augmentant leurs
prétentions aux connaissances hippiatriques. Telle est la pensée de ces Messieurs, et ils nous l'expriment en nous grati-
fiant de l'épithète de *savants.* On nous en apprend déjà beaucoup trop à l'Ecole de Saumur ! En voici un échantillon: c'est
M. Gourdon qui écrit dans sa critique, n° de novembre 1847,
Journal des Vétérinaires du Midi, publié à l'École de Toulouse:

« ...... La loi à la main et jusqu'en présence du malade,
» on a le pouvoir de lui imposer (au vétérinaire) le contrôle
» d'un réglement par l'organe *éclairé* (ce mot est souligné)
» du personnage gradé qu'on nomme le capitaine instructeur,
» dictateur souverain qui règne sans partage sur les infir-
» meries, et qui a le droit de ne laisser exécuter, sans son avis,

» aucune ordonnance thérapeutique, etc.» (Ce qui est complètement faux, parce que le réglement qui concerne les capitaines instructeurs, dit : qu'ils ne devront s'immiscer en rien
en ce qui concerne le traitement interne des chevaux malades).
Plus loin: « Il ne nous reste plus qu'à nous incliner devant
» les *savants* (savants est encore souligné) de Saumur.»

Ces Messieurs ignorent que, dans notre cours d'équitation
militaire, si on nous donne des notions utiles pour tout
homme appelé à se servir du cheval et à le conserver le
plus possible, on nous recommande de nous arrêter là où
le vétérinaire devient indispensable : aussi ne nous parle-t-
on jamais du traitement des maladies. Mais je devine ces
Messieurs, ils disent: Parbleu, c'est cela, voilà notre rôle, celui
de *guérisseur de plaies*.

A la page 11 de son Livre, M. Louchard exprime parfaitement l'utilité des connaissances hygiéniques pour les officiers
de cavalerie, et tout en en démontrent ses avantages, il exprime également ses regrets (pag. 12), quand il suppose que,
dans certains régiments, on exclut les vétérinaires des conseils hygiéniques capables d'éviter les maladies qui déciment
les chevaux de l'armée : « Que de fois des avis provenant de
» leur part, et qui auraient dû être un motif de crédibilité,
» sont devenus, au contraire, par l'ennui qu'ils causent, une
» raison de scepticisme! » La note qui suit ce paragraphe est
exacte : plus de rapports existent aujourd'hui entre les officiers et les vétérinaires, et la cavalerie y gagne déjà beaucoup.

M. Louchard ne redoute pas les officiers instruits, et il a
raison ; le vrai mérite n'est pas ombrageux, et il est positif
que les officiers les plus versés dans les connaissances hippiques ont toujours d'excellents rapports avec les vétérinaires

instruits et modestes : on s'entend toujours entre hommes bien élevés quand on parle à peu près le même langage.

Dans le courant de ce premier chapitre, l'auteur recommande surtout aux vétérinaires qui partagent une si grande responsabilité de persévérer dans leurs observations ; de ne pas reculer devant les obstacles qu'ils rencontrent, parce que, loin de leur en savoir gré, on les blâmera et on aura raison. Et voilà le Livre que vous déclarez *sinon nuisible, du moins complétement inutile aux vétérinaires !* Savez-vous ce qui est nuisible aux vétérinaires militaires ? Ce sont les articles que vous publiez ; et si vous croyez les servir, vous êtes *de bien maladroits serviteurs.*

Mais si M. Louchard veut que les officiers de cavalerie ne soient pas étrangers aux connaissances hippiques, il a bien soin de leur recommander la plus grande discrétion dans l'application de ces connaissances, comme nous le verrons tout à l'heure.

M. L..... veut faire des *demi-savants,* en appelant les officiers à l'aide des vétérinaires militaires et en les initiant le plus possible dans l'art de conserver la santé : c'est bien là le cas de lui jeter le blâme. Croyez-vous donc, Messieurs les *académiciens,* que l'officier de cavalerie, appelé à se servir du cheval, doit demeurer d'une *ignorance crasse ?* Pensez-vous qu'il ne doive pas connaître le budget des dépenses que doivent lui fournir les chevaux qui lui sont confiés ? que, lorsqu'il est à la manœuvre, il ne doit pas comprendre jusqu'où il peut aller et où il doit s'arrêter ? Quand il arrive au quartier, ne doit-il pas prévoir les suites de la négligence des hommes chargés de soigner les chevaux dont ils viennent de se servir ? Quand il est détaché, sans vétérinaire, dans un cantonnement quelconque, ne doit-il pas se suffire à lui-même par tous les moyens hygiéniques qu'il connaît et les appliquer ? Initié à toutes ces mesures conservatrices, penseriez-vous que ces *demi-savants* ne pussent pas rendre de véritables services ?

M. Louchard a donc eu raison de chercher à nous éclairer, et cela autant dans notre intérêt que dans celui de ses confrères et ceux de la cavalerie. Mais, voyez donc, aux pages 193 et 104 (*Chapitre sur la Formation des Détachements de jeunes chevaux pour les Corps*), voyez, dis-je, comme il veut faire de nous des vétérinaires; lisez aussi sa note de la page 204, et vous verrez combien c'est là le langage d'un homme qui n'aime pas ses confrères, et qui cherche à encourager les officiers qui auraient les ridicules prétentions à l'art de guérir, comme à des connaissances spéciales plus étendues que celles des vétérinaires expérimentés et instruits ? Je ne citerai qu'un fragment de cette note :

« Si on savait combien les vétérinaires militaires sont ja-
» loux de mériter la confiance des hommes qui les entou-
» rent, si on connaissait le chagrin qu'ils éprouvent quand
» on élève des doutes sur leur manière d'opérer; l'inquiétude
» que leur donnent les malades qu'ils sont obligés de soigner
» et combien ils sont heureux quand ils triomphent, on serait
» généralement plus justes envers eux et mieux disposés en
» leur faveur. »

En vérité, on se demande, après cela, ce qu'a fait M. Louchard à ces Messieurs, pour mériter leur improbation. Sa pensée, la voici tout entière :

Les vétérinaires militaires ont une tâche difficile à remplir, une responsabilité énorme ; cette responsabilité est solidaire jusqu'à un certain point; mais, nous le savons tous, ils supportent le plus lourd fardeau. On est trop souvent disposé à les rendre responsables des pertes qu'on essuie dans les régiments, et cela surtout pendant le temps de calamité. Eh bien! Messieurs!....

Trop faibles pour empêcher le mal, il leur est seulement permis de le prévoir : ils sont forcés de taire la vérité, même dans leurs rapports écrits. Heureusement que cela n'existe pas dans tous les régiments, comme le dit M. Louchard dans son Livre; aussi ses observations ne sont-elles applicables que dans des cas exceptionnels. Il suffit qu'ils se présentent parfois, pour qu'il soit indispensable d'en parler dans un Livre dont le but est de combattre de pareils abus et de les faire connaître.

Nous espérons bien que les confrères de M. Louchard comprendront la portée de toutes ces observations, car elles sont le réflecteur des bonnes intentions de l'auteur.

Vous craignez que ce Livre n'augmente encore l'autorité des capitaines instructeurs; mais sachez bien, Messieurs, que jamais les relations de ces officiers n'ont été plus agréables avec les vétérinaires qu'elles ne le sont aujourd'hui : c'est une tutelle qui n'existe que de droit; et cela est si vrai, que ceux qu'on pourrait citer, pour leur prétentions arbitraires, ne pourraient être classés que dans de très-rares exceptions (1). Je m'en rapporte en cela à tous les vétérinaires autant estimables qu'instruits de l'armée. Ah ! si, parmi vous, certains vétérinaires veulent s'affranchir de *la loi générale*, sans les formes que les convenances

---

(1) Le service des officiers de santé, dans les corps, n'est-il pas sous la surveillance des chefs de corps et des majors? Ne sont-ils pas même consultés sur leur aptitude? Quant à leur avancement, ne sont-ils pas également assujettis à la suprématie du corps de l'intendance ?

hiérarchiques imposent, le pouvoir (ce qui est légalement militaire) vous fera certainement supporter le poids de son autorité.

En vérité, plus je consulte le Livre qui nous occupe, et moins je m'explique la cause de la critique morale qu'on en a faite. M. Louchard profite de toutes les occasions pour parler en faveur de ses confrères ; on ne peut pas l'accuser d'égoïsme, puisque, aujourd'hui, il est assez heureux pour ne plus partager leur responsabilité. Lisez encore le paragraphe de la page 203, et lisez le tout entier. Je ne citerai que ce fragment : « Bien des vétérinaires ont été victimes des » maux qu'ils ne pouvaient pas empêcher, non pas à cause » de leur impéritie, mais à cause de leur peu d'influence.» Dans un autre article, il dit aussi qu'on a souvent tort de juger de la capacité des vétérinaires par la plus ou moins grande quantité de chevaux perdus dans le courant d'une année, et qu'on s'expose, dans ce cas, à porter un jugement excessivement faux. En effet, si le vétérinaire le plus capable de l'armée se trouvait dans un régiment où on abuse des chevaux et où les pratiques les moins rationnelles de l'hygiène sont mises à exécution, il y aurait nécessairement de grandes pertes. Eh bien ! dans ce cas, ne serait-il pas malheureux que le vétérinaire fût responsable des fautes qu'il n'a pu empêcher et qu'il n'a pas commises? Voilà un homme qui paraît bien indifférent à cette confraternité que se doivent les personnes qui exercent la même profession !

5° Troisième chef d'accusation: M. Louchard n'a eu d'autre but que de se faire imprimer, ou bien encore de faire une spéculation de librairie. Se faire imprimer ! mais il y a déjà longtemps que ce vétérinaire est connu comme publiciste. Une spéculation !... Pardonnez-moi, Messieurs, jamais cette idée-là n'est entrée dans l'esprit de M. Louchard. Il aime le travail d'esprit : c'est un aliment sans lequel il ne pourrait vivre, et chaque tempérament a ses exigences. Il a cru bien sincèrement faire quelque chose d'utile, et l'avenir prouvera qu'il ne s'est pas trompé.

Vous êtes réellement curieux, Messieurs, quand vous accusez M. L..... de vouloir se faire une réputation : il y a longtemps qu'elle est faite, et votre carrière commence à peine. Et si quelqu'un a besoin de faire parler de soi, je crois que ce sont ses critiques; seulement, ils ne sont pas heureux dans leur début. J'admire surtout l'aplomb avec lequel ces jeunes gens parlent de leur expérience, et cela presque à l'exclusion de celle d'un homme qui a été vingt ans vétérinaire en premier. Je ne serais pas étonné de voir, un de ces jours, ce praticien critiqué par un élève d'une des Ecoles Vétérinaires : les mauvais exemples sont souvent contagieux. Ah ! mais, j'oubliais encore : *vous lui donnez des conseils !* Eh bien, son âge lui permet de vous donner celui-ci : dans votre intérêt comme dans celui de vos confrères, c'est de ne plus tomber dans de si déplorables excentricités, de ne jamais oublier qu'en matière de critique il est des bornes que l'on ne doit jamais franchir; de n'imprimer à tous vos écrits de ce genre que le cachet de l'homme bien élevé, c'est-à-dire cette politesse exquise que la bonne société a le droit d'exiger de lui dans tous les actes de sa vie. Voilà ce que son âge et son expérience lui permettent de vous conseiller, et ses avis valent bien les vôtres. Mais revenons à la réputation que veut se faire M. L.......

La réputation de M. Louchard est tellement bien établie parmi nous, que, par ce seul motif, les 1er dragons, 4me chasseurs, 8me chasseurs, 10me cuirassiers, 5me lanciers, lui ont pris 79 exemplaires de son Livre. Nous devons ajouter que les vétérinaires nous ont beaucoup engagés à souscrire, ce qui milite en faveur de leur caractère. Voilà des hommes qui ne jugent pas l'ouvrage, ni son auteur, au travers du même prisme que vous, Messieurs, et qui, au lieu de jalouser leur confrère, cherchent au contraire à encourager ses travaux dont ils apprécient l'importance.

Arrivons à la question d'intérêt: nous demandions à M. Louchard à combien d'exemplaires il avait arrêté le tirage? à 500 nous répondit-il, et c'est même beaucoup. Mon ouvrage *ne peut pas être classique,* ce serait une prétention ridicule que d'espérer le placement d'un grand nombre d'exemplaires; mon débit le plus certain, le voici : il nous montra une liste où figuraient 100 exemplaires dont il faisait hommage. Calculez maintenant, Messieurs, la somme que représente ces 100 exemplaires, leur affranchissement, les lettres envoyées et reçues, et puis nous vous demanderons où est l'homme mercantile. Le principal but de M. Louchard a été d'être utile en donnant de la publicité à son Livre.

Je cesse toutes ces considérations morales : elles sont suffisantes pour combattre les antagonistes de M. Louchard. Je passe à l'analyse de son Livre : c'est à nous, *demi-savants,* à entreprendre cette tâche, puisque vous n'avez pas daigné vous en occuper, *et pour cause.*

Vous reprochez à M. Louchard de n'apprendre rien de nouveau à ses confrères : cela est possible, et je ne crois pas même que telle ait été sa prétention. Tout ce que l'auteur traite est en langue comprise par tous les vétérinaires : les mêmes mots, les mêmes idées, tout ce qu'il écrit, en un mot, leur est parfaitement connu; c'est votre opinion. Eh bien ! Messieurs, nous avons lu tous les Livres d'hygiène publiés par les vétérinaires et les officiers de cavalerie, et nous n'avons encore rien trouvé d'aussi original et de plus pratique. (Dans la lettre qu'il a écrite à M. le rédacteur du *Journal Pratique d'Alfort*, pour répondre aux attaques de M. Reynal, qui l'accuse d'avoir compilé ses confrères, publicistes comme lui, M. L........ adjure ces honorables vétérinaires de lui prouver qu'il les a copiés). Comme tous ces portraits sont ressemblants ! chacun s'y reconnaît. Et puis, comme l'auteur exprime avec franchise et convenance sa façon de penser, comme la vérité perce partout, sans que les esprits les plus susceptibles puissent se formaliser ! On voit que M. Louchard a vécu longtemps au milieu des désordres qu'il signale, et qu'il les a bien observés ; et, comme tous les bons observateurs, il rend bien ses impressions.

Après *des considérations générales et morales* sur l'hygiène, où il signale d'anciens abus, on commence à deviner les intentions de l'auteur. La reproduction du cheval destiné au service de cavalerie, les races méridionales, l'élève du cheval de guerre chez les propriétaires; les services comparés du cheval de troupe avec ceux des chevaux employés dans le civil; les dépôts. La conformation spéciale du cheval de guerre; l'arrivée des jeunes chevaux dans les corps, où M. Louchard trouve qu'en général on se hâte trop de juger ces jeunes chevaux, cette précipitation forçant très-souvent à revenir sur le jugement qu'on a porté à l'arrivée des détachements. Le régime qu'il prescrit est rationnel et devrait toujours s'observer. Toutes ses questions sont traitées *ex-professo*.

M. Louchard croit autant, et peut-être plus, à l'influence de la mère qu'à celle du père dans la reproduction : ce n'est pas un paradoxe. Il est l'ennemi des chevaux anglais et normands, comme reproducteurs dans le midi de la France. Si on ne les élimine pas, on perdra la race méridionale, et les provinces dont il parle peuvent à elles seules alimenter toute notre cavalerie légère. Les Anglais ont abâtardi la noble, ancienne et excellente race navarine. Ces étalons ont grandi les chevaux aux dépens de leur solidité; on ne voit généralement que des chevaux manqués, décousus, sans fond.

M. Louchard prend ses chevaux de troupe à l'état d'embryon, les étudie dans le ventre de la mère où ils se développent; chez les propriétaires qui les élèvent; dans les dépôts où ils arrivent et où commence une nouvelle ère pour eux; enfin, dans les régiments où on les instruit avant de les verser dans les escadrons.

Toutes ces phases sont traitées avec un grand discernement : on reconnaît le praticien éclairé, l'ami du cheval et de son art. Il aborde la question délicate des remontes avec une réserve et une justesse qui lui font honneur. Il comprend et définit parfaitement la mission difficile de l'officier acheteur; on voit qu'il reculerait devant une aussi pesante responsabilité. Il repousse ce qu'ont eu d'odieux les calomnies qu'on a publiées sur les officiers acheteurs. Le mal n'est pas là, dit-il; si le personnel des remontes pèche, ce n'est pas par la moralité.

Son hygiène dans les dépôts ainsi que les maladies de jeunes chevaux, renferment des questions utiles pour tout le monde; et, quoi qu'en disent MM. Reynal et Gourdon, il y a de jeunes praticiens qui pourraient trouver d'excellents préceptes dans tout ce qu'il a écrit dans ces chapitres. Pour vous, la définition de ces maladies n'est peut-être pas très-*scolastique*; il n'y a peut-être pas non plus assez d'ordre dans la description de leurs symptômes; mais c'est *le praticien qui raconte.* Il est à l'infirmerie : il voit, il observe, il agit ; on devine son embarras, on partage ses inquiétudes. Il hésite ; puis enfin il opère. S'il réussit, il le dit ; s'il se trompe, il le confesse. Ce n'est pas l'habile coordination des idées d'un professeur en chaire, c'est l'histoire des observations recueillies pendant de longues années et publiées simplement sous l'influence des impressions que le praticien a éprouvées auprès des malades. Ce n'est pas davantage cette méthode particulière aux professeurs chargés de diriger les études de jeunes élèves, c'est la *manière* d'un praticien causant avec ses confrères.

L'éducation première, dans les dépôts, y est parfaitement décrite : on y voit les jeunes chevaux, arrachés à leurs habitudes paisibles, inquiets, tristes ; ils perdent l'appétit : ils sont *nostalgiques.* C'est là où il recommande, où il insiste sur la nécessité d'un régime particulier dès l'arrivée dans l'écurie des dépôts, parce que ses jeunes chevaux doivent tous payer un tribut qui est une affection plus ou moins grave, laissant des traces plus ou moins profondes. Ces maladies sont occasionnées par la préparation à la vente, et souvent les vendeurs frelatent leurs chevaux comme leurs vins.

Il donne de sages conseils aux officiers qui conduisent les détachements, quant aux soins de la route. Il leur proscrit les flammes, en faisant comprendre le danger des saignées intempestives.

Tout ce qu'il dit sur l'ensemble du service intérieur est souvent vrai ; et j'ai vu, pour mon compte, des chevaux sacrifiés *à coups de mauvais* traitements. S'il propose des innovations dans l'intérêt des chevaux, il n'exige pas de ces soins minutieux, puérils, qui entravent le service ; toutes ses prévoyances sont d'une grande sagesse, sans pour cela occasionner l'ennui, ni faire crier contre le novateur.

Bien des abus ne peuvent être détruits, bien des maux sont sans remède : il le comprend; mais il doit les signaler tous, afin d'éclairer tous les esprits. Ce que ses *savants critiques* n'ont pas vu, c'est que M. Louchard a voulu qu'on n'accusât pas ses confrères des conséquences funestes qui résultent d'une éducation mal dirigée, mal entendue, et de traitements si souvent réfractaires à la santé des chevaux, comme à la durée de leur service.

Avec quels ménagements il soulève le voile : les coupables se reconnaissent et ne lui en veulent pas, *moi le premier !*

Ce que M. Louchard dit de l'utile emploi du fourrage artificiel est vrai: Les inconvénients du travail à des allures vives après les repas, etc. Et tout paradoxal que paraît être son avis sur le travail à jeûn, je crois que cette question physiologique a besoin d'être étudiée. Il en est de même de son opinion sur l'usage du foin pour les chevaux qui exécutent un travail à des allures vives ; ses idées physiologiques à cet égard sont très-justes. Le foin ne convient guère qu'aux chevaux à grande capacité intestinale, aux chevaux de traits en général. L'expérience lui a prouvé que les chevaux nourris à l'avoine et à la paille étaient rarement malades ; qu'ils avaient un beau poil et beaucoup plus de vigueur que ceux nourris avec l'avoine, la paille et le foin. Dans les régiments où il a servi, il a converti beaucoup d'officiers à cet égard, et ils n'ont eu qu'à se louer de cette pratique pour leurs chevaux.

Abattre les chevaux morveux le plus promptement possible, puisqu'on ne peut les guérir et qu'ils embarrassent et effraient (1), réformer plus qu'on ne le fait, etc.: tous ces

---

(1) Le Ministre de la guerre vient de donner tout nouvellement des ordres sévères relativement à cette sage mesure.

conseils sont sages et offrent une grande garantie pour l'état sanitaire des chevaux de l'armée.

La question d'aération est parfaitement traitée, et elle l'est à la fois d'une manière théorique et fort concluante. Avez-vous bien lu et bien commenté tous ces chapitres, Messieurs les critiques? Si vous les avez lus et commentés, pourquoi n'en pas dire un mot?

Un agronome distingué du Midi (M. Grabias) a fait l'analyse de l'ouvrage de M. Louchard, et son autorité vaut mieux, pour nous, que la vôtre, Messieurs. Le *Moniteur de l'Armée* en a également parlé sous les rapports les plus favorables. Et, quant à nous, *savants* de l'école de Saumur, nous rendons justice à l'auteur, en même temps que nous le remercions de ses sages conseils.

Quant à la contagion de la morve du cheval à l'homme, dont se gardent bien de parler ces Messieurs, nous trouvons encore cette question parfaitement écrite et bien traitée. On se borne à dire, dans les deux articles, qu'il est surprenant de voir M. Louchard émettre une semblable opinion que la sienne. Voilà qui est curieux. Et pourquoi? parce que de savants médecins et vétérinaires ne sont pas de son avis : mais cela milite en faveur de M. Louchard, en prouvant l'indépendance de son caractère. Ces Messieurs ont plusieurs faits, il est vrai : M. Louchard en a 14,000 qui tendent à prouver que cette cruelle maladie n'est pas transmissible du cheval à l'homme. En vérité, si nous étions moins vieux de quatre siècles, je craindrais un auto-da-fé pour l'auteur et son Livre, car ses juges seraient impitoyables. M. Louchard redoute que cette grave question n'ait de fâcheux résultats pour la cavalerie, en diminuant encore le peu d'amour du cavalier pour le cheval. Abattez, dit-il, il y aura profit pour l'Etat et sécurité pour les hommes, et cette mesure sera plus rationnelle et moins dangereuse que toutes les prescriptions prophylactiques proposées.

Maintenant, en résumant tout ce que nous avons écrit sous l'impression de la lecture des articles de MM. Reynal et Gourdon, nous concluons que ces Messieurs auraient pu donner une autre forme à leurs articles, en obéissant à d'autres sentiments qu'à ceux d'une opposition maladroite et impardonnable. M. Louchard pouvait s'attendre à une analyse sévère, de conscience et de bon goût, mais il ne pouvait jamais supposer que des confrères fussent capables de personnalités que rien n'autorise. Mais cela doit tenir à cette tendance de notre époque qui porte certains hommes à tout briser sans pudeur, sans ménagements, et cela trop souvent dans le but de faire parler de soi et de faire de l'opposition. Ce qu'il y a de fâcheux, c'est de voir cette épidémie gagner les Ecoles spéciales : c'est un grand mal ! De ces établissements utiles ne devraient jamais sortir que de sages avis et des encouragements pour les hommes que le travail honore. Les critiques passionnées retombent toujours sur les hommes qui les publient ; la science n'y gagne rien, et ils y perdent beaucoup. Pour nous, le Livre de M. Louchard est un Livre qui lui fait honneur et qui remplira le but qu'il s'est proposé en le publiant, celui d'être à la fois utile à ses confrères et à l'Etat : les mêmes motifs l'on fait écrire en 1825 et en 1857 (1).

---

1) Déjà, en 1825, M. L....... écrivait avec les mêmes intentions de confraternité, comme dans le même but d'utilité publique. Tout incomplet qu'ait été ce Livre, il a néanmoins contribué à éclairer bien des personnes sur les véritables causes de la morve. En publiant, à cette époque, que *la morve chronique n'était pas contagieuse*, il jetait un gant dans l'arène des conjectures, mais son but était moins de soutenir un tel paradoxe, que d'appeler l'attention de toute l'armée

**

Voilà ce que je devais à un ancien camarade, à un homme
que nous aimons tous. Ma tâche sera heureusement remplie,

---

sur une foule de causes que l'opinion exclusive de la contagion ne
permettait pas d'étudier.

Comme dans la plupart des régiments de l'armée, la morve faisait
des ravages dans le régiment de la Garde où il était aide-vétérinaire
à cette époque. Malgré le mérite de son vétérinaire en 1er (M. Durand),
il entendait murmurer autour de lui, et cet homme instruit et honorable, comme tant d'autres de ses confrères, semblait être accusé des
pertes qu'il ne pouvait empêcher. Les mesures sanitaires les plus
sages étaient mises en pratique et le mal continuait. A côté de ces pré-
cautions commandées par la prudence, se multipliaient une foule *de
choses* (pages 22, 23 et suivantes de son dernier ouvrage), qui deve-
naient pour le jeune praticien les véritables causes du mal. Il se mit
donc à l'œuvre avec l'assurance que donne une foi intuitive, et
cela sans calculer qu'une *hérésie* semblable à cette époque pouvait nuire à son avenir. Mais, à toutes les époques aussi, il existe
des hommes justes, il fut nommé vétérinaire en premier à la fin de
la même année. Il était surtout peiné de voir d'honorables confrères
incessamment soupçonnés d'incurie ou d'impéritie, et menacés ou
victimes des maux qui se développaient sous l'impuissance de leur
volonté. Il savait, qu'en 1817, 18, 19, etc., les lanciers de la Garde
avaient perdu beaucoup de chevaux de la morve, et que l'un des vétérinaires les plus instruits de l'armée (page 66 du premier Livre),
M. Leroy, aurait peut-être perdu sa place sans le général Talon, juste
appréciateur du mérite de ce vétérinaire (le général Talon comman-
dait ce régiment). On rendait M. Leroy responsable d'une cuzootie
dont les causes remontaient à l'époque *de l'armée de la Loire :* ce régiment était en partie remonté avec les débris de ce corps d'armée
célèbre. Ajoutez à cela que les pansages dehors se faisaient par tous
les temps et dans toutes les saisons, malgré les observations de ce
vétérinaire.

En 1837, M. L..... publia son second Livre, toujours dans le même
but, comme pour retremper les hommes de la cavalerie dans une foi
indispensable à sa conservation.

Maintenant, je demande à ces Messieurs, si un vétérinaire qui,
toute sa vie, n'a eu d'autres pensées que d'être utile à son art comme
à ses confrères, n'a pas quelques droits à leur estime.

Vous trouvez ses opinions *sur la morve surannées :* eh ! mon Dieu !
dans les sciences médicales les dissidences sont une seconde nature,
et vous travaillez souvent à rendre votre art de plus en plus conjec-
tural. M. L...... a fait de la morve une étude spéciale pendant 20 ans;
il a ouvert une foule de têtes, fait des dissections; vous avez dans votre
riche cabinet d'Alfort, des aquarelles exactes que ce vétérinaire vous
a laissées : pourquoi ne pas lui tenir compte de tous ces travaux?

si je parviens à démasquer les ennemis d'un homme instruit
et honorable. Espérons qu'un jour les vétérinaires militaires
tiendront compte à M. Louchard de ses bonnes intentions,
de même qu'ils seront plus justes et moins sévères que ses
critiques. Les meilleurs livres ont un côté faible, il faut le
faire remarquer avec franchise; les plus mauvais aussi renferment de bonnes choses. Il y a toujours du *bon grain dans
l'ivraie,* quoi qu'en dise M. Raynal; seulement, il faut vouloir
ou pouvoir le distinguer.

UN ANCIEN ÉLÈVE
de l'Ecole de Cavalerie de Saumur.

Nota. — Nous apprenons que M. Gourdon, auteur de l'article le plus blessant pour M. Louchard, a donné à des personnes déléguées par ce vétérinaire, et par écrit à ce vétérinaire lui-même, des explications qui font honneur à son
caractère et ne laissent plus de doutes sur ses intentions. Il
s'agissait de deux mots soulignés qui pouvaient être inter-
prétés d'une manière offensante pour M. Louchard.

Nous avions donc raison de nous récrier contre de pareils
abus du style d'une presse destinée à répandre l'instruction
dans la classe des vétérinaires, et qui, par son genre de ré-
daction, peut amener des résultats déplorables.

AUCH, IMPRIMERIE ET LITHOGRAPHIE DE J FOIX, RUE NEUVE.

www.ingramcontent.com/pod-product-compliance
Lightning Source LLC
LaVergne TN
LVHW021804060726
842528LV00003B/1143